普 | 通 | 高 | 等 | 学 | 校 | 规 | 划 | 教 | 材

服装材料 与应用设计

邓鹏举 李 安 戴文翠 编著

化学工业出版社
·北京·

内容简介

本书从服装材料的溯源讲起，进行材料设计的定论和分类，由不同时期、不同文化下产生的服装面料设计，引出服装面料再造的过程和方法。设计是从一个人的审美力开始的，"艺术来源于生活而高于生活"，自然取材永远是设计界不会过时的话题和灵感来源。"万物为我所用"的切入点会帮助设计师们拓宽再造肌理的思路和视野，同时，在传统中继承与创新。"创新美材料"中更为深入和准确地描绘了不同制作和设计方法营造出来的不同美感。材料的设计之美，更能完善服装的总体风格以及提升趣味性。本书适用于服装设计或相关专业的高等院校学生，或从事服装设计相关工作的人员。在有一定服装知识和服装设计、工艺技术基础的条件下，学习本书，能更好地帮助读者理解服装面料，打开设计的新思路。

图书在版编目（CIP）数据

服装材料与应用设计/邓鹏举，李安，戴文翠编著
. —北京：化学工业出版社，2021.4
ISBN 978-7-122-38462-1

Ⅰ．①服… Ⅱ．①邓… ②李… ③戴… Ⅲ．①服装-材料-教材②服装设计-教材 Ⅳ．①TS941.15 ②TS941.2

中国版本图书馆 CIP 数据核字（2021）第 020174 号

责任编辑：蔡洪伟 王 可　　　　　　文字编辑：谢蓉蓉
责任校对：赵懿桐　　　　　　　　　　装帧设计：关 飞

出版发行：化学工业出版社（北京市东城区青年湖南街13号　邮政编码100011）
印　　装：北京缤索印刷有限公司
787mm×1092mm　1/16　印张7¼　字数174千字　2021年5月北京第1版第1次印刷

购书咨询：010-64518888　　　　　　　售后服务：010-64518899
网　　址：http://www.cip.com.cn
凡购买本书，如有缺损质量问题，本社销售中心负责调换。

定　　价：45.00元

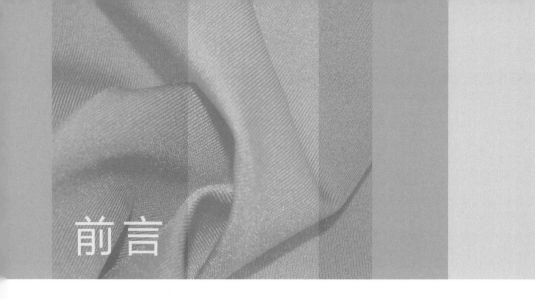

前言

　　服装面料艺术再造，是一种"再造"的艺术。所谓"再造"，离不开服装本身的设计思路和不同服装面料的特殊性质。"再造"的肌理设计对于服装设计的意义在近年来受到广泛的启迪和丰富的应用。如何拓展思路在原有的服装风格和基础结构上，将再造肌理进行恰到好处的添加，成为设计师们的新课题。本书专为具有一定服装专业基础知识，想要提升个人设计能力和审美力的服装设计及相关领域人员使用。

　　服装材料重塑与设计的艺术不仅仅是材料本身风格的再现，它还是设计师设计观念的传达、个性风格的表现和审美感情的表达。许多发达国家的艺术设计专业都非常重视培养学生对于各种各样服装材料、材质的认识，其中也包括对各种材质通过不同的技术手段进行加工的学习和认知。设计本身是一门创造性的视觉与知觉的思维艺术，设计师在整个设计的过程中往往不自觉地、无意识地融入个人的思维意识和审美观念，尽情表达自己对于艺术、对于设计的理解。在持之以恒地尝试和不断地训练与完善中，形成自己与众不同的风格与设计特色。服装材料重塑与设计应用的学习就是希望通过对各种不同材质、材料的直接感知（包括视觉、触觉、嗅觉等）和间接塑造来不断地积累更多的经验，以求为服装设计打下良好的基础。阅读本书时，需结合基本的服装设计构成及立体裁剪相关内容进行，按照书中提及的不同方法，边熟悉面料特性边进行面料的改造，并将改造后的面料置于服装整体中，查看最后效果，反复修改、比较、尝试，找到最适合服装套系的面料再造效果并进行最终的应用。

　　在经济飞速发展的当今社会，几乎所有领域的竞争都是异常激烈的，服装设计也不例外。如果设计师一味遵从社会普遍标准、随波逐流，作品中看不到个人的风格特色，则必将很快被时代所淘汰。所以，每个服装设计师或者是从事人类美丽事业的工作者们，一定要找到适合自己作品的风格定位，追求设计过程中独特的个性表现，尽量达到让人耳目一新的效果，才能使自己长久地立于不败之地。这也是本书的出版意图，望设计师们能在飞速变化的潮流导向中始终拥有自己的风格定位。通过阅读本书，读者能更深入地理解服装材质的多种多样，这使得作品呈现风格大相径庭，最后的表现效果更会不拘一格，这都是设计魅力的真正所在。

本书的编著与出版有赖于相关领域的专家、前辈及同行们，在此向他们致以谢意。

编著者

2020 年 11 月

目录

第一章

溯源——了解服装材料设计

美，从古至今，是人们永恒的追求（如图1-1、图1-2）。随着时代的发展和科学技术的不断进步，人们的知识结构在不断更新。在人民生活和物质基础大幅度提高的情况下，审美需求也相应地发生了较大改变。对于服装的造型设计和穿衣方式，在人类服装漫长的历史进程中，已经形成了具有一定规律的、约定俗成的形式和各自的流派，尤其是在以实用性和可穿着性为主要宗旨的成衣设计中。"服装是人体的第二层皮肤"，所以服装必须依附于人体才能实现其设计的意义和价值。目前，服装虽然需要在造型设计上努力求新意，但其发生变化的空间有较大的局限性且变化手段日趋减少。而对于服装的色彩选择，除了每季有相关权威组织发布的流行趋势、流行色的引导和限制外，近年来服装企业更偏向于注重常用基本色彩的运用和拓展。从市场反应来看，人们对服装的要求在不断地上升，纯粹的款式变化已经远远不能满足人们的审美需要。现代服装设计，除了款式和色彩外，一定要有恰当的、较好的材质来依托和加以表现。而材质设计也在当今的服装设计中越来越丰富，变化日新月异，手段逐渐增多，方法不停地被拓展和应用，占有越来越重要的地位。服装材质，尤其是服装材质的表面肌理特征，将成为当下及今后若干年服装流行的焦点。因此，在现代的服装当中，服装材质显得越来越重要（如图1-3～图1-6）。

从这个意义上来看，服装这门艺术应该说更多的是依托服装来展现材料魅力的艺术（如图1-7～图1-10）。当今，科技的发展令服装材料日新月异，不断变化和丰富着，材料的

图1-1

图1-2

图1-3

图1-4

图1-5

图1-6

这种革新与创造为服装产业的发展带来新的机会和生命力。对于设计师们而言，服装款式的变化多多少少会受到服装功能性需求的限制，而材料的再创造则能很好地解决这个问题，是一条丰富与拓展服装设计的新思路。所以说，材质是服装设计的载体，人类服装演变的历史也正是服装材质发展演变的历史（如图1-11、图1-12）。在服装教学中强调材料的再造，不仅加强了学生对基本知识的掌握，而且增加了对基础材料的认识，同时有利于培养学生由对材料的感性认识上升到理性认识以及拓展学生的思维空间和造型能力，为更好地进行服装设计，打下坚实的基础（如图1-13～图1-16）。

图1-7

图1-8

图1-9

图1-10

图1-11

图1-12

图1-13

图1-14

图1-15

图1-16

▶ 第一节　服装材料设计的定论

　　服装材料是指构成服装的所有用料，包括服装面料和辅料（如图1-17～图1-20）。服装材料设计是指对基本的成品材料，根据设计需要进行二次加工、重塑等艺术劳动。应用于服装设计中，使之更具有新颖、时尚感、趣味性，以增加服装设计的特色、体现服装设计师的设计理念及风格（如图1-21～图1-24）。

图1-17

图1-18

图1-19

图1-20

图1-21

图1-22

图1-23

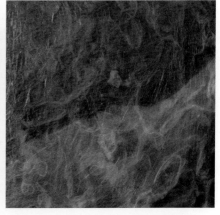
图1-24

第二节 服装材料的分类

设计师要想熟练地运用和搭配各种服装材料，轻松准确地传达自己的设计理念和想法，首先必须对各种服装材料的属性和功能有全面深入的了解。服装面料材质本身并没有好与坏的区分，只是要按照人们穿着的需要来进行选择。服装面料就是用来制作服装的材料，除了面料之外，许多服装上的装饰会选择一些特殊的辅料来完成搭配，以求达到最佳的表现效果（如图1-25～图1-28）。

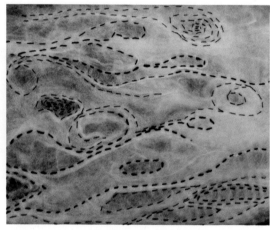

图1-25

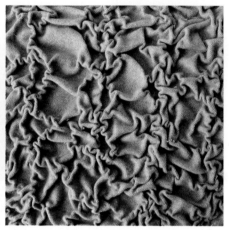

图1-26

图1-27

图1-28

作为服装设计三要素之一，服装面料不仅可以诠释服装整体的风格和特性，而且通过其不同的应用还能直接影响服装的色彩及造型的表现效果，在一定程度上对于整套服装的最后呈现起着决定性的影响和作用。在服装设计的大千世界里，服装的面料五花八门，并日新月异的增多、变化着。总体上来讲，高档、优质、经过精细加工处理的面料，大都具有适宜穿着、舒适透气、悬垂性好、造型挺括、视觉效果好并且有良好的触感等优点。制作在正式社交场合穿着的服装服饰，通常会选择纯棉、纯毛、真丝或纯麻材质的面料，这几种纯天然材料作为唯一质地面料制作服装时，无论从整体的观赏效果，还是从着装者的切身感受上，都具有较高的档次，让人在多方面拥有舒适的感觉（如图1-29、图1-30）。

图1-29　　　　　　　　　　图1-30

服装材质中的天然纤维是自然界存在和生长的具有纺织价值的纤维。全世界天然纤维的产量很大，并且在不断增加，天然纤维是纺织工业的重要材料来源，天然纤维品主要包括棉织物、麻织物、丝织物、毛织物等。化学纤维是以天然高分子化合物或人工合成的高分子化合物为原料，经过制备纺丝原液、纺丝和后处理等工序制得的具有纺织性能的纤维。纤维的长短、粗细、白度、光泽等性质都可以在生产过程中加以调节，不同的纤维分别具有耐光、耐磨、易洗易干、不霉烂、不被虫蛀等优点，广泛用于制造衣着织物、滤布、运输带、水龙带、绳索、渔网、电绝缘线、医疗缝线、轮胎帘子布和降落伞等。化学纤维织品包括黏胶织物、涤纶织物、锦纶织物、腈纶织物等。服装材质还包括皮革、金属材料、木质材料、塑料、玻璃、珠片、贝壳、羽毛等多种材料。

1. 棉

棉纤维染色能力较强，是传统的纺织材料。选择粗细不同的棉线做纺织材料，有不同的艺术效果。选择细棉线，挂线细密，织出的织品造型与纹理平整精细；若挂线留有空间，织品则具有轻薄、透气的感觉；选择粗质棉线，挂线随意，就会出现粗犷的肌理效果。根据不同的塑造需要，选择不同的棉质材料，搭配不同的处理手法，只用棉纤维我们也可以完成多种多样的艺术创作（如图1-31～图1-33）。

图1-31　　　　　　　图1-32　　　　　　　图1-33

　　棉布即是一种以棉纱线为原料的机织物，其组织结构有平纹、斜纹、缎纹、罗纹等。由于组织规格的不同及后加工处理方法的不同而衍生出不同的棉布品种（如图1-34～图1-37）。棉布具有穿着舒适、保暖性好、吸湿、透气性强、易于染整加工等特点；手感柔软，光泽柔和、质朴；色彩鲜艳、色谱齐全；耐光性较好。由于它的这些天然特性，早已被人们所喜爱，成为生活中不可缺少的基本用品。它多用来制作休闲装、内衣和正装衬衣（如图1-38～图1-41）。棉布的缺点则是弹性较差，易缩、易产生褶皱且折痕不易恢复；外观上不大挺括，穿着时必须时常熨烫；纯棉织物若保存不当则易发霉、变质。相对于其他面料材质，棉布毋庸置疑是日常生活中的必需品，它除了在人们的平日穿着中使用，还更多地应用于床上用品、室内生活用品，近些年在车内装饰、室内装饰、包装、工业、医疗、军事等方面也都有着广泛的用途。

图1-34　　　　　　　　　　图1-35

图1-36　　　　　　　　　　图1-37

图1-38

图1-39

图1-40

图1-41

2. 麻

麻布是以各种麻类植物纤维（亚麻、苎麻、黄麻、剑麻、蕉麻等）制成的一种面料（如图1-42~图1-45）。具有强度极高、拉力极强、柔软舒适、透气性甚佳、贴身清爽、耐洗、耐晒、吸湿、快干、导热等特点，对细菌和腐蚀的抵抗性能很高。麻织物可用来制作休闲装、工作装或是环保包装；也可用来制作工艺礼品、宠物用品；还能在建筑装修、店铺装饰中广泛应用（如图1-46~图1-52）。它的缺点是外观较为粗糙，容易出褶皱。麻类纤维的性能近年来备受青睐，在现代纤维艺术作品中的应用正在日益增多（如图1-53、图1-54）。

图1-42

图1-43

图1-44

图1-45

图1-46

图1-47

图1-48

图1-49

图1-50

图1-51

图1-52

图1-53

图1-54

1. 历史的影像

纵观服装设计发展的历史，我们不难发现，服装在不同的时代、不同材料发展的影响下，体现着不同时代的特质。狩猎时代、农耕时代、大工业时代以及现下飞速发展的信息化时代，每当有技术或材料的革新，都会为我们的生活带来巨大的影响和变化。当原始社会的人们有了初步的生活观念，他们开始用植物、毛草或是动物皮毛遮挡身体，成了最早的服装；当封建社会的劳动力和生活品质有了长足的进步和提高，人们开始制造棉麻衣物；当工业社会的大发展带来了社会生产力的大幅度进步，各种天然纤维、新型的化学材料以及合成纤维的服装制品应运而生。归总起来，技术带来了材料的蓬勃发展，在这个过程中也自然而然地形成了服装的多种形式（如图1-105～图1-109）。

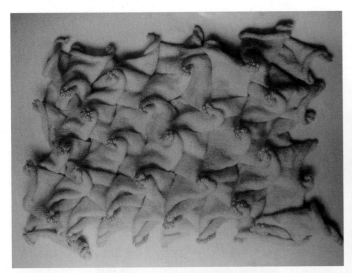

图1-105

图1-106

图1-107

图1-108

图1-109

就服装而言，材料、技术、机能、流行性都是其不可或缺的重要元素。其中，材料无疑是最基本、最活跃，同时又最具表现力的，需要用脑力工作者的经验技巧去驾驭。从某种程度上来说，材料决定着技术的应用，限制着服装的整个廓形，因其独特的变化延伸着设计师的无限想象力和创作空间，而带来服装款式的蓬勃发展。虽说机能和技术会决定材料的类型，但材料本身所具有的质地、颜色、形式以及材料的构造特性等都是促成其成为服装最重要元素的原因。所谓服装中的机能，是要通过材料的工艺加工和特殊技法的应用来实现的，也离不开材料本身的质地和特性。所以，服装造型实际上讲的是对材料的加工与造型，服装设计说的也是对材料的改变与设计。离开材料，无法谈服装设计；设计师如不能很好地结合材料，也就无法创新服装设计（如图1-110～图1-114）。

图1-110

图1-111

Alexander McQueen在早期的设计中大量地运用中国的传统服饰文化与民间艺术。我们惊奇地看到，欧洲女性演绎出了东方女性的千娇百媚，东西方服饰文化在McQueen的大胆创作中得到完美的艺术结合。（如图1-115、图1-116）东北窗花与宽大的水袖得到欧化的改良，色彩的选用大胆而清新，中古骑士头饰的简约造型与异族文化取得独特的艺术效果。（如图1-117、图1-118）绣花百褶裙这种典型的中西结合模式与来自草原的夸张厚重的蒙古式袍袖，巧妙地融合了中国南北服饰的特征，南方的细腻、精致与北方的粗犷、实用，热力不减的民族风潮与永不落伍的皮草呈现出了McQueen独有的鬼才天赋。（如图1-119、图1-120）对面料肌理的艺术性改造、袖子的刻意设计使此系列服装层次丰富而不乏女性柔媚，黑色柔纱与皮革面料形成的材质反差，更是营造出女性的多重性格特征，特立独行的设计思维使作品搭配大胆、创新而不生硬。（如图1-121、图1-122）设计灵感很显然是受到了中国宋、元时期服饰的启发，在赋予美感的同时加入看似硬朗的铁甲元素，刚柔并济、相得益彰。雅致的淡金色与宫廷肃穆色彩的反复重叠、交相辉映，得到一种另类却不突兀的服装形象。

图1-112

图1-113

图1-114

图1-115

图1-116

图1-117

图1-118

图1-119

图1-120

图1-121

图1-122

2. 用现状讲述再造美的理论

改革开放以来，服装设计一直炙手可热，设计师们在进行各自艺术创作的同时，遇到的问题越来越多。首当其冲，便是被材料束缚。若没有恰当适合的与设计意图相吻合的服装材料，岂不是"巧妇难为无米之炊？"

因此，为了解决现下的困境，我们在课程及人才培养方案上，努力做到专业知识互补，塑造全面的综合性人才，以适应服装产业未来的发展和社会需求（如图1-123 ~ 图1-128）。

从20世纪70年代末期开始，来自日本的时装设计师已经成为欧洲时装界最有创造力和影响力的先锋派艺术家。山本耀司和三宅一生等都创造出完全不同于传统欧洲造型的服装，他们的设计在于，对人体的理解与欧洲的概念似乎是截然相反的，他们以出人意料的造型而著称，创造了许多在欧洲人看来是前所未有的服装空间效果。这些时装不是创造一个第二层皮肤，而是在人体周围建造一个雕塑空间，几乎完全不考虑性别差异，当穿着者运动时，它们才被赋予了新材质美感的生命力（如图1-129）。

图1-123

图1-124

图1-125

图1-126

　　在运用面料来表现服装设计的大师中，不得不提到日本的著名设计师三宅一生。他在改变材料外观的同时，充分地发挥了材质自身视觉美感的潜力，为我们带来了源源不断的设计新意。三宅一生是一位运用褶皱面料造诣超高的设计师，他的作品多用手段改变面料本身面貌和肌理，使其呈现出新的风采。他有着对材料、对服装造型设计的独到见解，作品风格特殊，个性感超强。评论界一致认为三宅一生的作品所表现出的设计活动是一种特殊的"雕塑"。为了把具有各种异国情调和丰富地域色彩的织物与传统的日本服饰及创意设计观念自然地揉和衔接起来，三宅一生设计了三种不同性向的织品，均能实现服装功能、装饰与形式之美的和谐统一，并且具有简便易穿的优势。他对素材的运用和比例的分配有着与生俱来的敏锐力和掌控力，他总是对每一种织物既细心地揣摩又大胆地尝试，在这个过程中力求将它们在设计中可能具有的潜能发挥到极致。他的作品看似无形，却疏而不散。人们不禁感叹道，似乎他与面料之间有着一种不为人知的"通灵术"，使其醒目而又极其的与众不同（如图1-130～图1-139）。

图1-127

图1-128

图1-129

图1-130

图1-131

图1-132

图1-133

图1-134

图1-135

图1-136

图1-137

图1-138

图1-139

3. 材料的再造就

　　要想成为优秀的服装设计师，首先必须对各种各样的服装材料进行全面、深入地学习与研究，此外，还应该具备对各种服装材质进行再设计、再造就的能力，即运用各种服饰加工的工艺手段进行二次设计与改造，创造出更为丰富的视觉肌理和触觉肌理。服装材料的再造就，意在开发学生的创造性思维，具体是通过对现有服装材料的观察与分析，进行头脑风暴，大胆构想，以开放的心态从周边的事物中汲取灵感，利用多种多样的技术性实验和工艺加工手段，对原有材料进行二次塑造。在这个构想与加工的过程中，实验人会对基础材料有更深层次的探索和了解，能更切身理解材料的性能，并通过改造，发挥原本被隐藏的材料本身的艺术魅力（如图1-140～图1-147）。

图1-140

图1-141

图1-142

图1-143

图1-144

图1-145

图1-146

图1-147

　　材料再造就的过程简单也复杂。说简单，是因为材料本身的特性有很多我们已经有了了解和规范性的记录。例如，纯棉的吸湿性好、透气性强，贴身舒适，但经加工后易出褶皱或引起面料的变形；雪纺质地轻薄、富有弹性，透气性和悬垂性也较好；亚麻较柔软、膨胀率大而拉力强；真丝从观感上便体现了其光亮、顺滑、柔和的手感。而复杂之处，便是如何把握不同材料的特性、利用材料的特性、发挥材料的潜能，来实现材料更精妙的变化，使其在服装及装饰上最大限度地发挥魅力。这便是服装研究者毕生的课程（如图1-148 ～图1-155）。

图1-148

图1-149

图1-150

图1-151

图1-152

图1-153

图1-154

图1-155

4. 服装材料的溯源

服装材料作为组成服装的要素之一，不仅可以诠释服装的风格和特性，而且直接影响着服装的色彩、造型和表现效果。若论服装材质的发展，其历史是极为悠久的。

（1）公元前时期

最初的人类，还不知道如何进行穿戴，只是仅仅靠自己身上所长的毛来遮蔽身体，起到微弱的保暖作用。后来，古人逐渐发觉了身边的麻类纤维和毛草等各种材料，把它们做成非常简陋的"衣服"，用以包裹身体。历史和考古学家的发现告诉我们，远在旧石器时代，我们的祖先已经创造了缝纫工具，用来缝制兽皮作为蔽体的"衣物"，兽毛皮和树叶就是人类最早采用的服装材料。大约在公元前5000年古埃及开始用麻织布，公元前3000年古印度开始使用棉花，在公元前2600多年时我国开始用蚕丝制衣。公元前1世纪，我国商队通过"丝绸之路"与西方建立了贸易往来。此时，人类亦开始对织物进行染色。

历史记载，西汉初年，成都地区的丝织工匠在织帛的基础上发明了织锦。"锦"是以多种彩色的丝线用平纹或斜纹的织造方式织成多层或多重的彩色提花的精美丝织物。其图案多以动物纹样或花卉图样为主体，取吉祥、富足之寓意。"锦"的生产工艺要求高，织造难度大，所以它是古代最为贵重的织物。

（2）中世纪时期

中世纪时期，拜占庭服装的外形渐渐趋于保守和呆板，而服装材料的种类及加工技术却逐步提高，丰富的装饰纹样和色彩搭配，成为拜占庭服装材料的一大特点。拜占庭发达的染织业，带来了总体上华美、富丽的风气。来自远东的中国丝绸输入后，拜占庭创立丝绸工业，自行组织生产锦缎丝绒，从而产生了绚丽秀美的绣花丝织品，服装材料趋于走向奢华的特点，营造了五彩缤纷、让人炫目的、充满装饰感的服装世界（如图1-156、图1-157）。

图1-156

图1-157

罗马式文化在拜占庭文化的基础上更注重吸收古代罗马的文化传统，形成了庄重而又沉着的造型风格。但就服装面料而言，变化并不是很大，依旧是华美的形式居多。哥特时期，涌现出新的"杂色服装"，其面料上的奇异色彩与当时的宗教文化相呼应。

（3）文艺复兴到近代时期

文艺复兴时期，意大利风时代服装的特色在于面料，一般情况下内衣多为白色的亚麻布面料，外衣多为厚实的织锦缎、天鹅绒以及华美的织锦金；女装中更流行带有华丽刺绣的外衣面料，其特点是色彩明快、装饰性较强。德意志风时代各种质地和色彩的面料相互搭配，形成服装用料上的特殊对比，表现出了奢华而又新奇的整体面料风格；丝绸与布料的配搭和内外映衬、各种切口的精致处理和极富立体感的纹样设计，都代表了文艺复兴时期服装材料发展的高潮。西班牙风时代的面料除了花色、图案的处理，开始更注重面料本身所表现出的造型感，同时，服装材料中填充物的运用更具有划时代的标志性意义。

文艺复兴时期以后，随着服装面料奢华程度的升级，同时人们受到了人文主义思想的影响，以至于那时的服装材料更为鲜艳，明快的色彩最受人们欢迎。与中世纪略显陈旧的、腐朽的宗教色彩不同的是，这时期的面料中加入了大量的天鹅绒，并在织锦缎和天鹅绒中织入闪闪发光的金银丝线，面料看上去更加熠熠生辉。这时期的法国人迷恋丁香色和蔷薇色，在宫廷贵妇的服饰中也弥漫着含蓄的天蓝、圣洁的白色等富有浪漫主义的色彩；西班牙人则崇尚高雅的玫瑰红色和银灰色调。文艺复兴时期的服装材料具有显著的地域划分性和时间特征，也是人类服装材料历史发展中的一段宝贵的大时代。

（4）20世纪时期

20世纪初期，西方服装的发展被称为"奢华年代"，这个时期流行的服装风格是严格和拘谨，以紧身衣包裹塑造细腰型为当时最风靡的时尚装着。相对应的这一时期所使用的服装材料则多为厚质、硬挺的面料，或是薄款轻质面料配合以硬架龙骨结构的材料，以此来更好地塑造女性曲线的柔美感和男性挺括、高大的形象。20世纪后期，服饰经历了从传统风格向现代风格的过渡阶段，随着艺术思潮的改变而带来了光滑面料、丝质光泽面料发展的春天，用于搭配服装的手套、折扇、阳伞等随身小饰品也多用蕾丝等华美材料来表现。随着科技的不断进步，人们的思想在逐步发生着改变，各种各样的时尚观念和审美思潮更是层出不穷，以至于当保罗·波烈提出了"将妇女从紧身胸衣里解放出来"的设计理想并随之创造了许多宽大肩头、修长线条的衣裙时，受到了空前热烈的欢迎。服装材料也由此逐渐抛弃了硬质龙骨衣架时代而越来越崇尚感官和穿着上的舒适度。随着衣裙的腰围变得越来越宽松，多层的下摆构造逐渐进入人们的视野，与此同时也更多地使用能够营造丰富层次感的挺括的网纱材料，或是蕾丝花边、利于多变的布料堆褶的服装面料和材质。1920年代，女性时尚家加布里埃·香奈儿带来了服装造型款式的大革新，多了些男孩儿味道的女装走上了服装历史的主舞台。帅气、硬朗风格的服装材质在女装中得到了前所未有的重用，同时也将在穿着上极具舒适感的针织面料推到了风口浪尖，创造了独特的、划时代的香奈儿时尚。20世纪30年代，随着世界经济的衰退，服装材质的发展更偏重实用性，工作繁忙的女性较为青睐合体、舒适的面料。同时，披肩也开始流行，羊毛、羊绒材料多用来制作风格各异的女性披肩。20世纪40年代，军装廓形走入服装时尚的历史舞台，此时，多用海绵等弹性材质构成厚厚的垫肩营造挺括的形象，服装面料多用硬棉麻材质。为突出帅气效果，皮质腰带也逐渐多运用于日常着装。

20世纪中期，西方时尚产业蓬勃发展，多个国家涌现出自己的时尚大牌和一批非常优秀的服装设计师，迪奥的"新风格"、A型装，纪梵希的束腰外衣，香奈儿的套装，多在款式上下功夫，而材质选择上使用质朴、穿着便利、舒适的服装材料。20世纪60年代以来，服装越来越贴近生活化、轻便化与合理化。旅游产业的大发展使得时尚普及全球化，流苏花边、钩边花边等服饰搭配的小元素材质开始流行。浪漫飘逸的面料搭配蓬松的发型，构成了这个时代疯狂的摇滚时尚和开放、自由、独立的思想意识。1970年代的"朋克"风格则将重金属元素带入了服装当中，以往只作为纽扣使用的金属材质被制成多条拉链贯穿于服装面料之中。皮革、牛仔、粗糙棉麻布的混搭加之铜环、金属链等构成了这个时代最独特的记忆。20世纪八九十年代电子信息化科技飞速发展，人们通过各种渠道按照自己的喜好选择服饰，服装材质也随之得到了大发展。

【本节作业训练】

了解不同时期流行的不同材料，按照服装材料历史发展的顺序整理个人笔记，总结服装材料使用与社会发展及人文条件的关系。

第二章

审美力 —— 设计的开始

第一节　寻找选材与灵感升华

1. 材料设计构思与转化

"艺术源于生活，但高于生活"，我们所有设计的灵感无不来源于生活。将生活中普通的事物或现象带着"发现美的眼睛"去感受，最终结合成为设计作品，需要做的最关键的环节便是"艺术构思"。材质设计，同样需要前期艰苦但又富有乐趣的构思过程。所不同的是，材质设计要源于服装整体风格的需要，任何的局部设计，都要适合于整体，在整体风格鲜明统一的前提下，进行多种多样的变化与表达；同时，材质设计也源于人类对服装艺术表现的需要。也就是说，材质设计既要符合于整体风格，也要加入人类的聪明才智和大胆创意，才有尽善尽美的设计感。因此，材质设计是围绕这些需求，来逐步确定其整体设计的主题风格、表现创作者的艺术构思并完成整个制作环节的设计过程（如图2-1～图2-8）。

图2-1

图2-2

图2-3

图2-4

图2-5

图2-6

图2-7   图2-8

2. 如何确立主题和风格

　　无论从事于哪种设计活动，设计师都应有一定的目的和定向，也就是设计的主题，这是设计中最基本的原则。主题是指艺术作品所表现的中心思想，也是艺术创作的主要题材。设计主题是服装内涵的延伸，主题衬托内涵、内涵表达主题，设计主题对于服装设计的内涵有着把控全局的作用。设计风格是服装设计师设计个性的展现，没有自己风格的设计师，无法用其设计的作品来打动观赏者；不具有鲜明风格的服装设计，可谓食之无味。不同的主题和风格，都需要不同质地的服装材料来体现和表达。所以任何设计，只有设计师明确了自己所要表达的主题和风格后，才能结合服装材料，因地制宜地进行材质设计。如天然纤维织品（棉、麻）体现出的是大方朴素的服装风格和自然舒适的感觉；薄而透明的纱、雪纺材质、蕾丝多用作体现柔美的感觉和浪漫的风格；拉链、金属铆钉、塑料、皮革等非纺织材料最能营造前卫的服装风格，代表了年轻人对潮流倾向的选择（如图2-9～图2-16）。

图2-9   图2-10

图2-11

图2-12

图2-13

图2-14

图2-15 图2-16

【本节作业训练】
　　按照材质设计构思的注意事项，确定作业整体的主题和风格，并由此寻找后续步骤的素材。

▶第二节　如何寻找切入点

　　灵感，也叫灵感思维，是指文艺或者科技活动中瞬间产生的富有创造性的突发思维。通常搞创作的学者或科学家常常会用灵感一词来描述自己对某件事情或状态的想法。在艺术创作领域，灵感是一种无法自控的、突发性的高度创造力的表现，在艺术设计中，灵感是创作的先知，是艺术的灵魂，是设计师创造思维的一个重要过程。寻找"灵感"，获得灵感，是设计师进行艺术创作的基础，也是取得创作成功的先决条件（如图2-17～图2-19）。

图2-17

图2-18

图2-19

　　因此，取得灵感是艺术创作最先要完成的环节。在创作进行的过程中，设计师也会不断地由早期的灵感或是突发的新的灵感来调整创作作品。当然，有时也会因"没有灵感"而感到非常困扰。这种看似突如其来的灵感，是不是凭空出现在脑海中的呢？柴可夫斯基说："灵感是一位客人，他不爱拜访懒惰者。"可见，灵感的发生绝不是偶然或者孤立的，它一定是创作者在某个领域内具有长期的、大量的知识和信息的积累，由过程中的经验不断凝结，同时坚持思考和艰苦卓绝地勇于实践才能得出的结果。创作需要灵感，但常言道"得之于顷刻，积之于平日"——灵感的来源少不了深厚积累的过程。可见在毫无学习、研究与积累的状态下，突然出现的灵感几乎是不可能的。那么我们可以积累的灵感都从何而来呢？下面就从几个方面来讲述材质设计的灵感来源。

1. 万物为我所用

　　水、空气、山脉、河流、微生物、植物、动物、地球、宇宙等，我们赖以生存的环境，我们所熟知的和未知的一切事物，都属于大自然的范畴。人类社会第一块面料的产生，也是来源于自然界的动物和植物，自然界的各种生物用它们自身鲜活的生命力和具有感染力的各异形态，给予了人类源源不断的生活启迪和创作灵感。动物的毛皮质地、色彩搭配与纹理，鸟的羽毛纤细的结构和特殊的光泽，年份久远的年轮与自然形成的树皮，各种植物、树叶的图形与脉络，芦苇摇曳与抖动的姿态，海浪的浩瀚、澎湃与壮观，水波的粼粼光辉，岩石的斑驳痕迹，沙的细腻与柔软……长期以来，设计师以自然界为设计源泉，产生了无穷无尽的灵感，他们将不同质感的材料直接或经各种加工之后间接地应用在服装与服饰上，产生了非常美妙的效果，通过艺术作品带给观赏者美的享受（如图2-20～图2-38）。

图2-20

图2-21

图2-22

图2-23

图2-24

图2-25

图2-26

图2-27

图2-28

图2-29

图2-30

图2-31

图2-32

图2-33

图2-34

图2-35

图2-36   图2-37   图2-38

2. 艺术形式的转换

服装材质设计的姐妹艺术都有哪些形式呢？绘画、刺绣、纤维艺术、建筑、雕塑、环艺、摄影、舞蹈、音乐、戏曲、文学等，都具有非常丰富的内涵。

绘画是人类最早的艺术形式之一，原始绘画艺术反映了人类的生活状况和艺术萌芽。服装设计本身与绘画艺术的美感有着不可割裂的关系，很多服装设计大师在具体创作之前都需要绘制大量草图，来帮助自己更好地进行服装设计。无论是中国画、西洋画，还是设计草图或是服装效果图，都显示了服装材质设计与绘画艺术的关系（如图2-39～图2-46）。建筑

图2-39

图2-40

图2-41

图2-42

图2-43

图2-44

图2-45

图2-46

艺术是通过建筑实体来表现空间造型艺术，并与雕塑、绘画、工艺美术等构成综合艺术。服装材质设计时，可以参考建筑所反映出的文化方面的设计依据，建筑语言所形成的特定造型形式也可以用来指导服装的材质设计构思（如图2-47～图2-53）。音乐是借由声音和表达声音的艺术，它利用欣赏者的"通感"，使欣赏者听到音乐曲调时，脑海中不自觉地联想到与自己有关的生活形象或情景，从而具有某种"共鸣"的情绪，由此陶冶情操、感染听众和产生审美感受。为何有些服装设计大师在创作时要播放背景音乐，就是因为音乐可以利用旋律来表达深情的爱、刻骨的恨、奔放的欢乐、由衷的喜悦、深切的悲痛或是淡淡的哀愁等情绪，再或是对理想的追求和对人生意义的探讨……直接或间接地影响着创作的走向。这一

图2-47

图2-48

图2-49

图2-50

图2-51

图2-52

图2-53

切，与服装材质设计的表现同理。舞蹈是用来表达审美感情和反映社会生活审美属性的艺术形式。舞蹈起源于远古人类的生产劳动实践，材质设计亦然。舞蹈的本质属性是抒情性，材质设计也是表达情绪、想法、情感的艺术手段（如图2-54～图2-55）。戏剧中的角色扮演，舞台上的布景、灯光，人物的妆面、服饰，演员和设计师对剧本的揣摩，对人物内心的刻画，都与材质设计有着异曲同工之妙（如图2-56～图2-58）。综上所述，各种艺术形式都有其各自的艺术表现手法，它们是服装材质设计主要的也是非常重要的灵感来源。材质设计属于视觉艺术，艺术与设计有许多触类旁通的地方，其相互借鉴、相互影响、相互融合是现代艺术的一个重要特征。服装材质设计往往吸收某种艺术形态的表现手法，准确和谐地应用到作品中去，达到令人意想不到的效果（如图2-59～图2-66）。

图2-54

图2-55

图2-56

图2-57

图2-58

图2-59

图2-60

图2-61

图2-62

图2-63

图2-64

图2-66

图2-65

3. 借用现代新科技

当今世界正处在科学技术高速发展的时代，每个国家都在不遗余力地研究高科技、发展高科技，科学技术水平的发展程度已经成为衡量一个国家实力是否雄厚的重要标准。科技进步给人们生活带来的便利是毋庸置疑的，这点大家都能切身感受到。无论是日新月异的电子产品，还是普通的生活所需，足不出户就能获得知识、自己想要的资源、需要的东西，还有很多潜在的科学技术带来的便利条件。科技进步不仅对经济增长起着重要作用，它对于社会发展和人类生活的方方面面都有着巨大的影响，服装材质在某些方面也很依赖于科技的进步和发展，面料的组织结构、特殊效果等，都要通过不断的研究与探索才能推陈出新、发挥更好的效果。

当今服装界的发展越来越崇尚利用新颖的高科技服装面料和利用各种高科技手段改造面料的肌理结构、表面状态，达到"以形传神"的特殊效果，改变单一的面料形态逐渐成了设计师追求的方向。无论是国际高端的服装大品牌，还是刚刚起步的地方产业，都不约而同地将注意力从花哨的颜色和多变的款式上调整到了改变面料原有状态、创造新感觉上来。可以说，高科技成果为设计师运用这种改变提供了必要的条件和手段，也创造出无限的、新的灵感。如今流行的涂层面料，在棉、麻面料上用化学手段涂上一层特殊制剂，使面料的表面产生特殊的反光效果，与原来就有的棉、麻的亚光效果形成对比。各种类型的印刷图案层出不穷，闪亮材质的运用、高科技闪烁灯光效果的加入，更加符合当代年轻人对潮流的追逐（如图2-67、图2-68）。

图2-67   图2-68

4. 多民族手工艺特色的吸收

人类的每个民族都拥有自己民族源远流长的文化。人类的探索精神和好奇心，促使人们对另一民族的文化、语言、文字、服饰、习俗等方面都产生浓厚的兴趣，这样各民族之间才有心灵上的沟通，文化上的渗透，在历史的进程中互相影响、渗透。我国共有56个民族，各民族根据自己民族发展的历史传统、民族信仰和生活习俗形成了自己独特的民族服饰。少数民族服饰是我国各少数民族在日常生活中以及节庆礼仪等特殊场合穿着、使用的具有本民族鲜明特色的服装、服饰。我国少数民族的着装，由于地理环境、气候、风俗习惯、经济、文化等诸多原因的不同，经过长期的发展、变化，逐渐形成了不同的风格，并具有鲜明的民族信仰和特征（如图2-69～图2-71）。

图2-69

图2-70

所以，在服装材质的设计上借鉴少数民族服饰的作品屡见不鲜，造型多变又五彩缤纷的传统民族服饰为服装设计师带来了无穷无尽的灵感，为服装材质的创新发展带来了广博的创作空间。近些年的服装材质作品中，我们很容易发现有很多作品是借鉴少数民族服饰发展而来的，如中国阿昌族青年男女在包头上插的鲜花，白族妇女喜欢的"登机"头饰，苗族、景颇族的银饰等，都受到了设计师的青睐（如图2-72～图2-74）。

图2-71

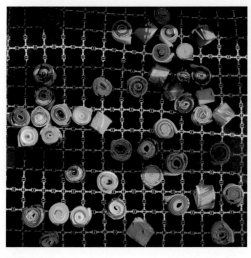

图2-72

图2-73

图2-74

5. 传统的传承与创新

从最初人类以体毛蔽体，后来用毛草等纤维做成简陋的"衣服"，再后来有了缝纫的工具。一步步向前发展，从丝绸之路到隋唐盛世，珍贵的织锦、舒适的棉麻，再到西洋文化的传入，现代服装设计产业有了长足的进步和飞速的发展。人类服装发展的历史是人类社会宝贵遗产的重要组成部分。可以说，服装服饰凝聚了每个朝代的精华，体现了每个时代的特征，服装与服饰是前人丰富的经验积累和审美趣味的集中表现，借由服装的发展可以了解历史、文化，对现代材质的开发和创造有着深刻的帮助和影响。中国传统的刺绣（苏绣、粤绣、蜀绣、湘绣并成为"四大名绣"），传统服饰中的镶嵌、盘扣，具有吉祥寓意的中国结等传统工艺形式，都成为后人很好的借鉴。西洋服装中立体材质造型，如抽褶、花边装饰、切口堆砌等方法都被现代设计师吸收，应用到现代服装材料的表现设计中，开拓了材质设计的新时代（如图2-75～图2-84）。

图2-75

图2-76

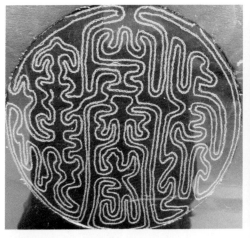

图2-77

图2-78

图2-79

图2-80

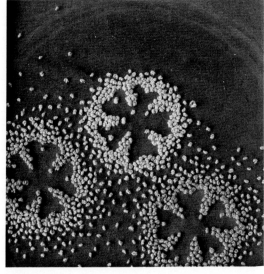

图2-81

图2-82

图2-83   图2-84

6. 从生活的经验中进行创造

人类的生活在经过了亿万年的延绵、发展后体现出了异常丰富多彩的形式，既包罗万象又有鲜明的地域特色。在日常生活常见的事物、景物中，随处都能给人以设计灵感的启示，如老旧房子里半脱落的斑驳的墙皮；年久木制家具上由于温度变化和潮湿引起的裂纹肌理；纸的碎屑；重物溅起的粉尘；渔网的格子；线绳交织的曲线；洗浴时的泡沫；褶皱的床单……在我们生活的方方面面，不经意地突现各种富有美感的材质，其实这些都是材质设计的源泉。只要我们用心观察，用发现美的眼睛去捕捉生活中的任何一个闪光点，便会发现材质设计并没有想象中的那么难（如图2-85～图2-88）。

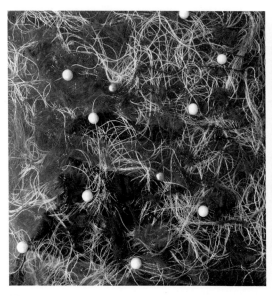

图2-85   图2-86

图2-87

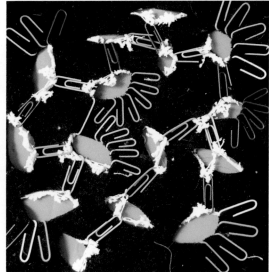

图2-88

【本节作业训练】
按照灵感来源的不同途径，分别确定一份材质设计构思方案，并勾勒简单草图。

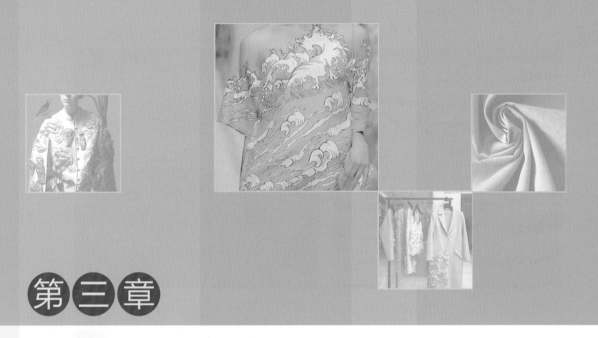

第三章

创新——美材料

第一节　确立定位目标

　　构思或是神思，都是呈现着系统性的、有中心及层次的、物化的整体性思维活动，也是创作者在孕育和创作作品过程中进行的有目的的思维活动。艺术构思是艺术家在深入生活和体验生活的基础上，按照其创作意图把对实际生活的感受与认知统一起来，酝酿、创造成为艺术作品而进行的一系列的形象思维活动。艺术构思是艺术创作活动中一个承前启后的重要环节，对艺术作品成果的水平高低起着关键作用。艺术构思要整体思考作品，同时结合作品选择的材质，研究和探索最恰当的表达方式，表现出作品的意蕴和灵魂。

　　材质构思是经过大量的灵感收集和经验的积累才能发展成为设计作品的最初步骤，简单构思层出不穷，但并不是每一种简单构思都能发展成为材质的构思，因此，必须观察设计整体、深究设计的题材和思想、从设计角度出发，慎重考虑简单构思的可取性、材料的机能性、制作的可行性等各个方面的内容，做到取其精华，去其糟粕。对众多迸发出的简单构思，进行一定程度的深入研究和重组，从中找出最佳设计构思方案，在胸有成竹的情况下继续整体作品的设计与创作（如图3-1～图3-7）。

图3-1

图3-2

图3-3

图3-4

图3-5

图3-6

图3-7

【本节作业训练】
按照前续内容所讲的方法确定最终材质构思方案及图稿，按照已确定的方案收集相应素材。

第二节　设计具体方法

　　服装被称作是人类的第二层皮肤，服装材质的舒适度是衡量服装形体设计成功的重要指标，而服装材质的美感则是体现服装艺术美的最为重要的因素。可以说，服装材质美的一个精神内涵是服装面料表面的肌理形成，特殊手段造就的肌理美不仅能丰富材质的表面状态，而且还具有动态的、多样化特效的审美特点，体现了人类对于美的创造能力和对于服装美感的执着追求。因此，对服装面料的表现上，多数创作者选择了在材质的肌理美上下功夫。服装材质肌理的塑造手段是多种多样的，表现形式也很丰富，材质肌理的设计完成效果如何，将直接影响到整套服装所呈现出来的视觉完美性和设计师设计观念的表达。

　　服装材质肌理的设计构思一旦确立，工艺手法制作就是整个设计中最为重要的环节了。成功的材质设计作品，只有独特、巧妙的构思和设计想法是远远不够的，所有的灵感，都需要落实到实物表现上，在表达和制作上要力求完美精致。一件工艺粗糙的材质设计作品，即使具有另辟蹊径的构思角度，观赏时也会给人感觉略带遗憾，无法称之为完美。因此，注重对基本材料的了解和选择，掌握材质加工的工艺手段，选择适合的改造方法，结合整体服装的造型特点，才能准确而生动地表现出设计主题和风格。对于普通类型的面料类（布料），折叠、抽褶、烧洞、绗缝、抽丝、贴补等手段都能轻易地达到良好的层次感和肌理变化的效果；对于金属类硬质材质，肌理变化可多着力于金属表面光滑感的改造上，实现反光效果的对比；对于柔软感较强的蓬松材质，掏洞、穿线、染色、卷曲、抓形、捣碎等工艺手法都能收获意想不到的特殊效果。可见，找到适合的加工手法，面料材质能最大限度地发挥潜在的美感，材质肌理设计之所以越来越受欢迎、越来越有魅力，在于不同的创作者在进行材质加工时会不自觉地加入个人艺术设计的独特智慧和关于设计的因人而异的多样想法和变化。一般服装材质肌理的表现可以分为视觉肌理和触觉肌理两个方面。

从服装设计上来讲，视觉肌理主要是通过各种服装面料上所具有的不同图案和纹样等来将整体变化加以体现。在我们多姿多彩的自然界中，无论是神秘璀璨的星空、变幻多姿的云彩、碧波荡漾的河流、郁郁葱葱的树林、多彩的花海、龟裂的地表，还是各种釉彩、水迹、斑痕……这些无不散发出神奇而又动人的艺术魅力，引发人们的无限遐想，激起无数艺术大师的创作灵感。视觉肌理的出现正是来源于这种视觉感官，是建立在人对自然造型和色彩的充分体验之上，加之人脑中对美的感觉和进行创作时的特殊艺术需要，形成了最基本的视觉肌理造型。在服装整体上，视觉肌理就是借由服装材料的不同图案和纹样组合、不同的设计题材风格以及其不同的艺术表现形式而综合形成的视觉美感，它可以是具象的、是几何形式的或者是其他抽象表现手段等等（如图3-8～图3-11）。

图3-8

图3-9

触觉肌理就是通过我们实际的触摸，引起感官上的知觉，并给予了我们特殊的心理感受和变化的肌理。如轻盈与厚重、粗糙与光滑、柔软与坚硬、细腻与粗犷等等。如果从材料的角度上来说，一方面是新材料在设计时可以经由对材料内部组织造成改变而使得材料呈现出触觉肌理效果的变化，而另一方面，也可以是对现有的面料进行再设计、再加工，使其表面呈现新的肌理效果，创造出更具层次感的丰富材质。当然，不同的材料对象也有很多不同的表现和加工方法。简言之，触觉肌理与视觉肌理最大的分别就是在空间体感上的不同和整体形态上的变化（如图3-12～图3-19）。

图3-10

图3-11

图3-12

图3-13

图3-14

图3-15

图3-16

图3-17

图3-18   图3-19

1. 材料立体型的塑造

　　服装材料除了普通的适合做平面表现的面料外，还可以通过各种特殊的工艺手法改变面料的表面肌理形态，使其形成突起的菱角和线条，材质看似有浮雕感和立体效果，并具有强烈的触摸感。营造材质立体型效果设计的主要手段可以是堆积同种或多种面材，使其形成规则或不规则的皱褶；通过薄透材质的"抽丝""抽线"，再将起褶的面料按美感固定形成肌理；使用"绗缝""缩缝"等机器加工，造就特殊的人为皱褶，产生堆叠效果……材质立体型设计可以做成浅肌理、大面积，应用于服装面料整体中；也可做成深肌理、小面积或局部，应用于服装服饰的装饰部位。无论是整体成衣的全方位立体肌理感，还是与其他平整面料形成的对比，都有很好的视觉效果。通过抽褶、捏褶、缩缝、绗缝、压花等工艺手法，都可以改变材质（主要指面料）原有的表面形态，形成浮雕和立体效果，并具有强烈的触摸感（如图3-20 ~图3-41）。

图3-20   图3-21

图3-22

图3-23

图3-24

图3-25

图3-26

图3-27

图3-28

图3-29

图3-30

图3-31

图3-32

图3-33

图3-34

图3-35

图3-36

图3-37

图3-38

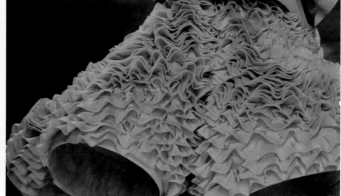

图3-39

图3-40   图3-41

2. 添加的形式美感

　　说到材质的添加设计，方法手段是层出不穷的。简单方法有黏合、贴布片、贴材料肌理等方式，可以使用同种面料，也可以在原有面料材质上添加第二种或多种材质面料来完成。同样效果也可通过缝制完成，有时缝制中有意露出的缝纫线的肌理效果，也会给材质添加另一种灵动美感。如果说有意留出的缝纫线头带来了灵动的美感，那刺绣方法完成的材料纹样和肌理则是人类手工精湛技艺的展示。此外，热压和钉的方法也成为今年的流行。材质的添加设计方法，就是通过运用不同的工艺手段，添加相同或不同材质的材料，形成立体的、具有特殊美感的设计效果。除了普通面材，纽扣、金属钉片、亮片、蕾丝、明线等多种材料皆可应用于材质的添加设计，形成多种多样的艺术效果（如图3-42 ~图3-64）。

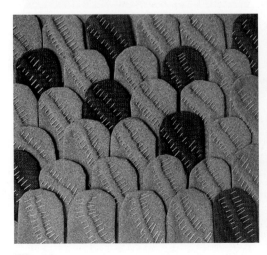
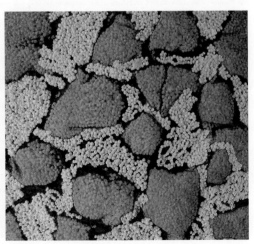

图3-42   图3-43

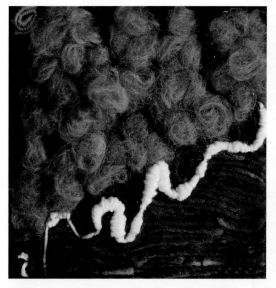

图3-44

图3-45

图3-46

图3-47

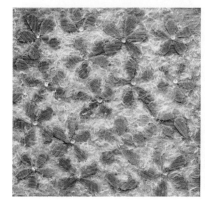

图3-48

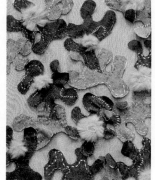

图3-49

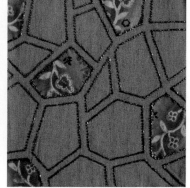

图3-50

图3-51

图3-52

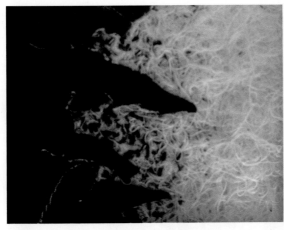

图3-53

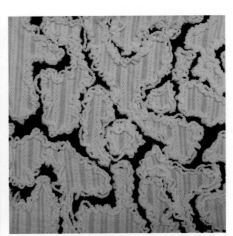

图3-54

图3-55

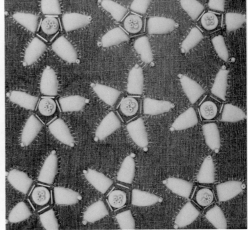

图3-56

图3-57

图3-58

图3-59

图3-60

图3-61

图3-62

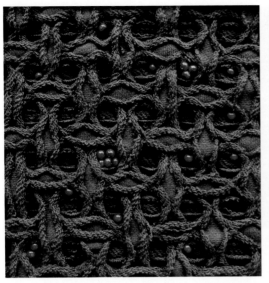

图3-63   图3-64

3. 材料的减缺之美

材质有添加设计的方法，自然也有与之对应的减缺设计方法。减缺设计方法既可以在服装材质设计中直接应用，也可用于添加设计之后造成繁缛效果需要修改的面料，改善过于添加的累赘感。减缺设计简单的完成方法是剪切法，即用剪刀有意或无规律地减掉部分面料材质；也可运用火烧方式，可将面材的特定位置烧出坑洞，也可用火苗燎面材边缘形成火烧后的造型变化和色彩变化的特殊效果。此外，抽纱、雕空、撕破、磨洗等方式也可以破坏成品或半成品面料的表面，以形成减缺设计的材料肌理感觉。减缺设计呈现的作品美感有种天然、通透的灵动感觉，也可称为是不完美的残缺感。针对完整的艺术作品，有时通过减缺设计完成的"缺陷美"作品可能更具有张力和强烈的感染力（如图3-65～图3-99）。

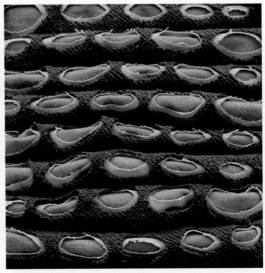

图3-65   图3-66

图3-67

图3-68

图3-69

图3-70

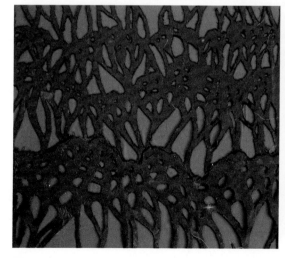
图3-71

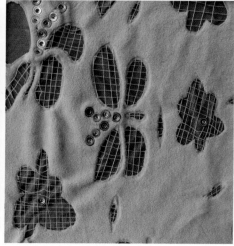
图3-72

图3-73　　　　　图3-74

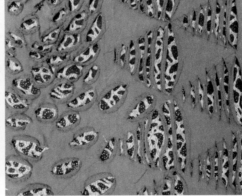

图3-75　　　　　图3-76

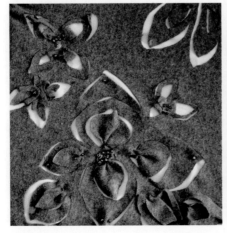
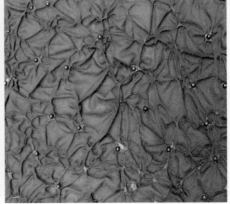

图3-77　　　　　图3-78

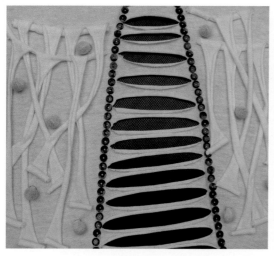

图3-79

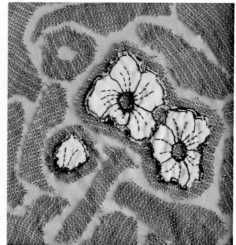

图3-80

图3-81

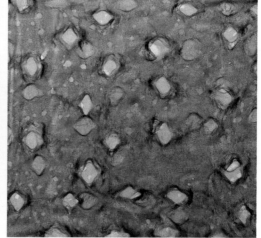

图3-82

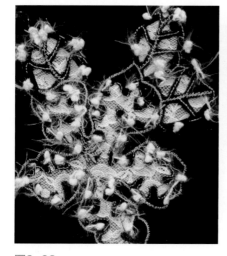

图3-83

图3-84

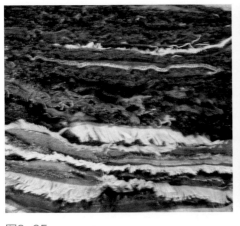

图3-85

图3-86

图3-87

图3-88

图3-89

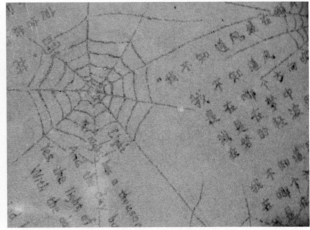

图3-90

图3-91

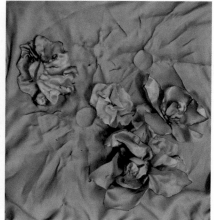

图3-92

图3-93

图3-94

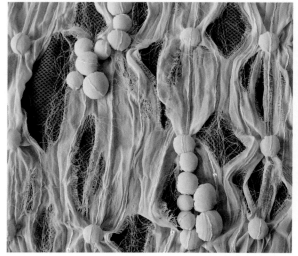

图3-95

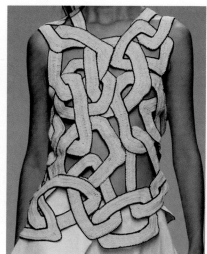

图3-96

图3-97 图3-98 图3-99

4. 钩织、编织的艺术

针对线材的钩织和编织手法是我国的传统手工艺形式，广泛应用于各种服装或配饰。用各种纤维材质制成的普通棉线、花式彩线、具有弹性的绳、富有光泽的彩带、褶皱花边、蕾丝边网等线材，都可以运用钩织或编织的手法织成符合服饰整体风格的小的肌理作品，再应用于整体服装。或是通过大面积编织，成为整体服装的面料，在结构部分也可加入编结、换方向钩织等变换形式来表达轮廓，制造特殊效果。钩织和编织的手法能营造面料疏密相间、凹凸的视觉差、高低起伏、错落有致、光感变化等新颖效果，以呈现肌理对比的变化和美感（如图3-100～图3-116）。

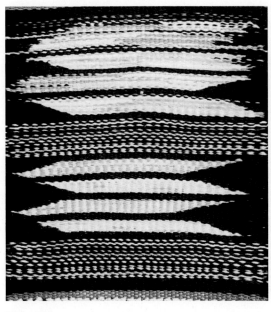
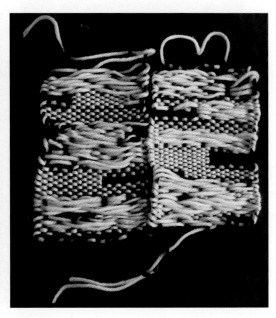

图3-100 图3-101

图3-102　　　　　　　　　　　　　图3-103

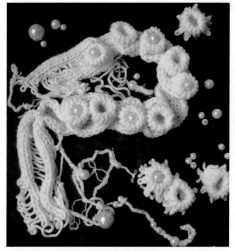

图3-104　　　　　　　　　　　　　图3-105

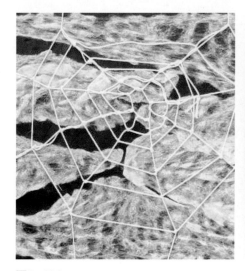

图3-106　　　　　　　　　　　　　图3-107

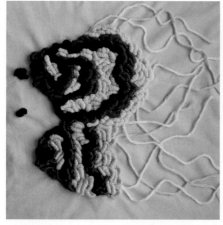

图3-108

图3-109

图3-110

图3-111

图3-112

图3-113

图3-114   图3-115   图3-116

5. 在平面材料上做文章

（1）几何表现

远古时期，人们在劳动实践中积累了十分丰富的关于直线、平面、方、圆、长、短、宽、窄、厚、薄等基本概念，并且逐步对这些概念的具体含义产生了认知，同时研究它们之间的位置关系跟数量关系，这些后来形成了几何学的基本概念。所以，可以说几何学是研究几何形态的大小、形状、位置关系的学科。几何形态是人类社会最初形成的基本纹样造型，是通过最基本的几何元素点、直线、曲线、平面、曲面等有规律或无规律的构成组合，形成的几何形物体或几何画面效果。提到几何形态，通常是指空间的有限部分，一般由三条或更多的边或曲线或者是以上两种元素的结合而形成，具有一定的规则性与封闭性。几何形态除了基本的点、线、面构成，还有各种各样的规则图形和不规则图形（如图3-117～图3-121）。

图3-117   图3-118

图3-119

图3-120

　　几何形态是具象图形被符号化提炼的产物，由于其明快的线条、简洁的外形以及富有节奏感的构造，包含丰富的内涵与时代的审美情趣，因而具有悠久的使用历史。在以往的优秀艺术作品中，几何表现成了不可或缺的艺术形式。给繁缛的设计作品带去一抹清新。几何形态元素在艺术设计作品中的运用，是设计从传统走向现代的一个重要标志，可以说，几何形态元素的表现见证了现代设计的发展

图3-121

历程。现代设计师们受艺术思潮的影响，对于几何形态的演绎日趋多元化，除了简洁和富有线条的单纯美感表现，还可以是整齐或按既定规则罗列而制造的磅礴的秩序感觉；或是有疏密、渐变等变化营造的视觉差的奇异效果；也可以将规律打散形成自由律动的凌乱美感；再就是将不同的几何元素有意识地堆叠，利用位置变化形成强烈的空间层次。任何一种几何表现的形式，最终都会形成较为强烈的视觉冲击，并具有独特的哲理和深入的精神内涵（如图3-122～图3-129）。

图3-122

图3-123

图3-124

图3-125

图3-126

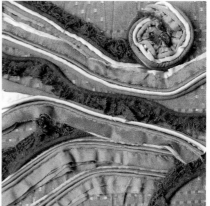

图3-127

图3-128

图3-129

（2）抽象表现

抽象形态特指无法明确指认出的形态，一般情况下，在生活经验中找不到明确对象或参照物的形态统称为抽象形态。抽象形态经常会引起我们的某种感受、引发联想。抽象形态并不是凭空生成的，大多是来源于自然界中偶然的、无形的、随意形成的状态而产生的形态。如油性液体滴在水平面上形成的流淌形状；鹅卵石经长期冲刷形成的自然纹理；多变的云朵、太阳的光线、傍晚的云霞；各种地面裂痕、冰面裂纹和瓷器发生的"窑变"反应等。

抽象表现的造型具有特殊的、别致的美感，因其是一种不经人为刻意塑造的、偶然而获得的天然美感，因而更生动，更真实。设计师们会将富有抽象美感的表现形式应用于服装材质的肌理设计中，尽可能模仿并美化抽象形态图案，使之成为适合于整体服装风格的面料肌理（如图3-130～图3-143）。抽象形态肌理奇特有趣，这种在人类艺术审美指导下创造的各种风格的抽象肌理，从本源上提取了自然形态的特征、表现了抽象形态特质、突出其精髓，从而形成了非常丰富的、更加精练的也更具单纯特质的现代视觉语言，是艺术形态、面料肌理表现的最高境界（如图3-144～图3-148）。

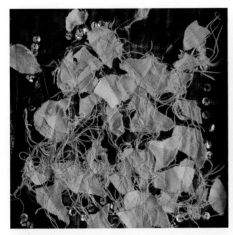

图3-130

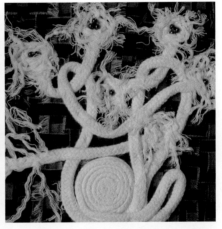

图3-131

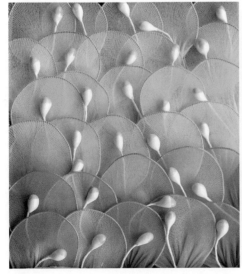

图3-132

图3-133

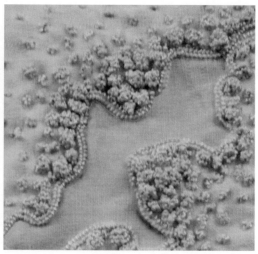

图3-134　　　　　　　　　　　　　　　　图3-135

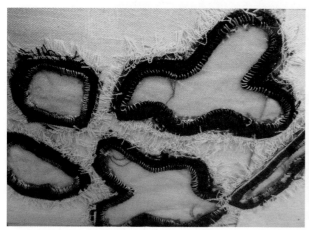
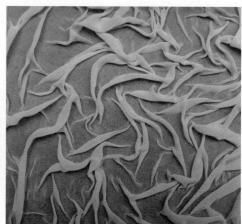

图3-136　　　　　　　　　　　　　　　　图3-137

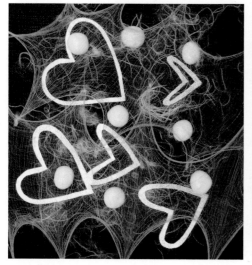

图3-138　　　　　　　　　　　　　　　　图3-139

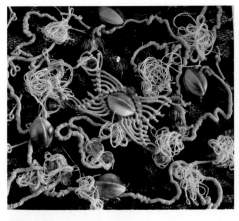

图3-140

图3-142

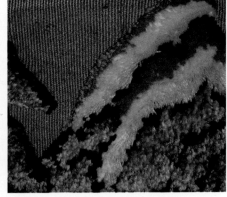

图3-143

图3-144

图3-145

图3-146

图3-147

图3-148

（3）装饰表现

艺术有两种表现方法，一种是再现，一种是表现。艺术设计领域，倾向对后者的研究和探索。应该说，装饰艺术在日常生活中无处不在：大都市里抬头可见的楼体墙面、公园中经园艺师精心种植和修剪的花坛；工艺展上吸人眼球的瓶瓶罐罐和商场里琳琅满目的衣帽鞋包……可见，装饰随处可见，表现方式更是无所不能。面料材质的装饰表现，主要是将具象、抽象、几何形态等以不同的工艺手法和表现技法结合在服装材质上，其中工艺手法包括最常见的机印和手印；经久不衰的我国传统手工艺如扎染和蜡染（如图3-149～图3-161）；特殊涂料的手绘以及依靠高科技手段完成的喷染、丝网印、镂空印等。装饰表现除了美感上的追求，很多时候也带有特殊的意义，如中国传统文化中龙、凤图案的吉祥寓意；年画带来的节日喜庆以及大门上五颜六色木刻版画祈求平安、多福的寓意等。设计师利用不同的装饰表现方法，表达其独特的艺术个性。伦敦维多利亚和阿尔伯特博物馆的展厅入口处写道"艺术装饰是人类需要愉悦和逃亡的反映。"这句话充分肯定了装饰表现艺术之于人类设计的重要性（如图3-162～图3-169）。

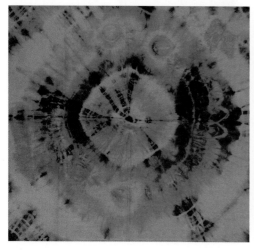

图3-149

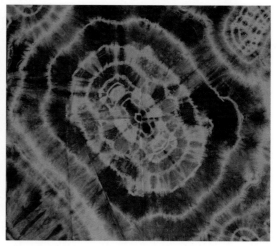

图3-150

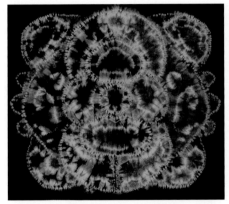

图3-151

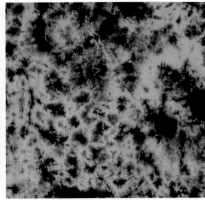

图3-152

图3-153

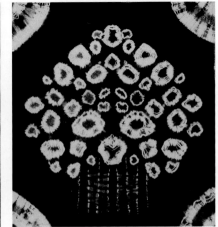

图3-154

图3-155

图3-156

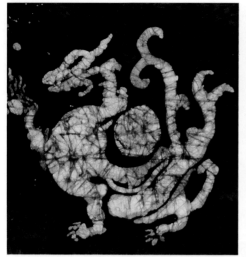

图3-157

图3-158

图3-159

图3-160

图3-161

图3-162

图3-163

图3-164

图3-165 图3-166

图3-167 图3-168 图3-169

在对材质进行再设计的过程中，多种多样的设计方法可以单独使用，也可以结合使用。但适合的才是最好的，材质设计并不是运用的方法越多越好。想完成浑然天成的材质设计作品，唯有首先掌握材质的特性和效果、过程中把握好设计整体的风格走向、再选择最恰当的工艺手段和材质加工方式、最后将创作者的设计理念和对作品的激情与热爱融会贯通于其中，便能创造出极富新意、张力和感染力的服装设计作品（如图3-170～图3-173）。

（4）其他辅助表现手法

① 包缠法：以缠绕和包裹的形式将现有服装面料或新面料包围在实体形状外，再缝合或粘贴到已选用的面料上，形成较为明显的肌理结构或立体型图案（如图3-174～图3-186）。

图3-170

图3-171

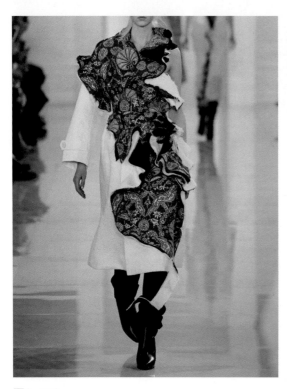

图3-172

图3-173

图3-174

图3-175

图3-176

图3-177

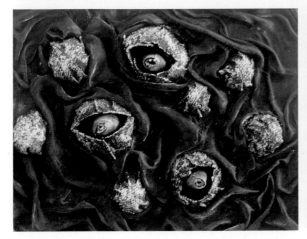

图3-178

图3-179

图3-180

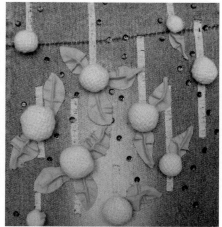

图3-181

图3-182

图3-183

图3-184

图3-185

图3-186

② 抽褶法：将服装的某一部位按照原有的肌理条纹或打破原有线条的方式进行抽褶，再缝合固定，形成一定的浮雕感或立体感（如图3-187～图3-193）。

图3-187

图3-188

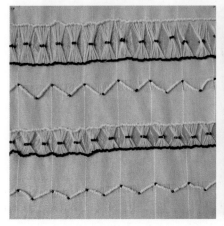

图3-189

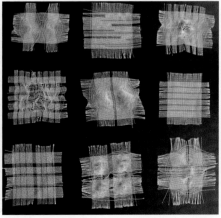

图3-190

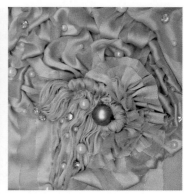

图3-191

图3-192

图3-193

③ 打钉、钉纽、贴片法：将服装面料局部按照图案要求打上钉、亮片、金属环或排列纽扣、贴层叠布片等，其他部位加以相同或不同材质的辅料，营造厚重的、特殊的装饰美感（如图3-194～图3-206）。

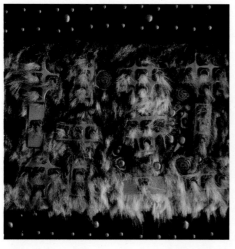

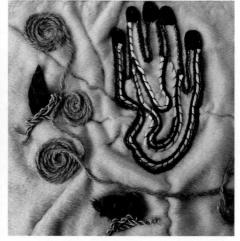

图3-194

图3-195

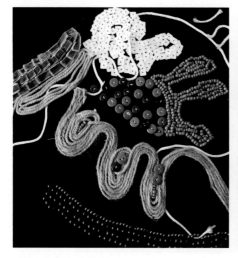

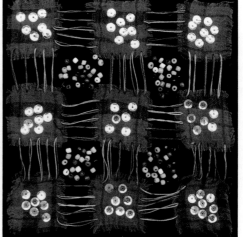

图3-196

图3-197

图3-198

图3-199

图3-200

图3-201

图3-202

图3-203

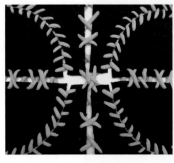

图3-204　　　　　　　　图3-205　　　　　　　　　　图3-206

④ 拼：将相同或不同材质的服装面料按照一定规律或随机摆在一起并固定，形成新的图案形式的面料（如图3-207～图3-221）。

图3-207　　　　　　　　　　　图3-208

图3-209　　　　　　　图3-210　　　　　　　图3-211

图3-212

图3-213

图3-214

图3-215

图3-216

图3-217

图3-218

图3-219

图3-220

图3-221

⑤镶嵌法：将普通的基本型装饰充上定量的棉或其他柔软材质，然后按照形式美的规律再拼合、镶嵌进服装之中，使原本的面料更具厚重和立体感（如图3-222～图3-224）。

⑥刺绣法：刺绣是中国民间的传统手工艺之一，是以绣针引彩线，把人们设计的各种装饰图案添加到织物上的一种艺术形式，是以绣迹构成花纹图案的一种古老而特殊的工艺手法。服装面料上的刺绣的主要艺术特点是图案工整娟秀，同时在色彩上配合面料本身的色调和服装整体设计的风格需求（如图3-225～图3-228）。

图3-222

图3-223

图3-224

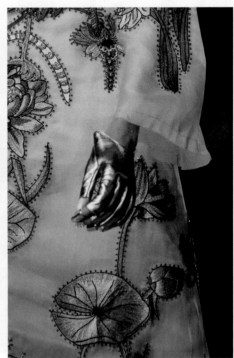

图3-225

图3-226　　　　　　　图3-227　　　　　　　　　　　　　　图3-228

　　⑦ 折叠法：折叠法是运用线、面的折叠构成三维立体形态，使服装设计具有体量感。
　　⑧ 系列表现：显而易见，系列表现就是将同色系或同种材质面料分别制作成风格统一
的几件独立作品，以形成一个或多个服装材料重塑设计（如图3-229 ~图3-237）。

图3-229

图3-230

图3-231

图3-232

图3-233

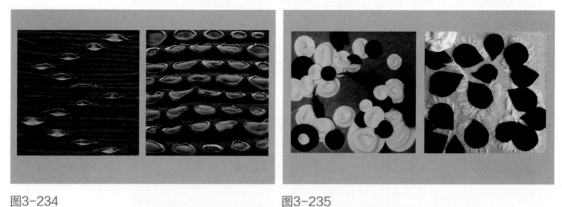

图3-234

图3-235

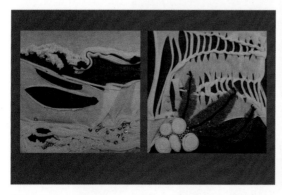

图3-236

图3-237

【本节作业训练】
　　将所学设计方法重复练习达到熟练应用的水平，并在此过程中确定适合个人风格的材质设计方法和系列表现形式，将服装材质按系列进行加工、制作。

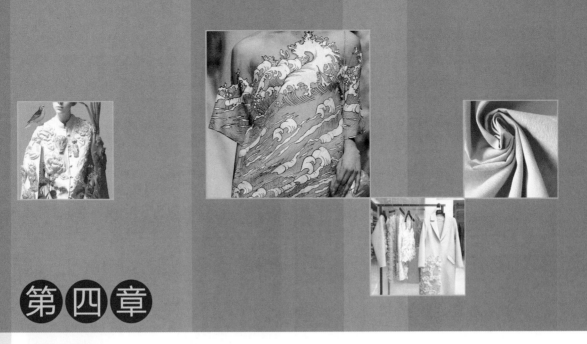

第四章

添彩——材料设计应用

　　所谓"风格"，是指艺术作品在整体上呈现出的具有代表性的面貌和特色。风格是以艺术作品的独特内容与形式相统一为特征。风格不同于一般的艺术特色或创作个性，它是通过艺术作品不自觉体现出来的、相对稳定的、更为内在和深刻的、从而更为本质地反映出时代、民族或艺术家个人的思想观念、审美理想、精神气质等内在特性的外在表现。风格凝聚着艺术作品的创作者对于艺术的独特见解，和为了塑造其艺术效果而采用的独特手法所创造出来的与作品整体面貌相适应的特征。当然，风格不能是凭空而谈的，风格的展现必须借助于其他的载体。材质艺术设计风格则是以服装为中心，各种材质的特性和效果为依据，还要融入创作者的艺术感觉、设计观念和表现手法。风格不是一蹴而就能形成的，它是创作者在长期的实践活动中受到多方面艺术形式潜移默化的影响而逐渐形成的。当然，社会环境和各种新思维或是个人生活中的骤变事件都会使得设计者的创作观念发生改变，从而带来作品风格的转换（如图4-1～图4-4）。

图4-1

图4-2

图4-3

图4-4

　　设计师通常以观赏者为对象，模拟多种风格造型，根据当时当地的社会背景和生活形态，考虑到合乎生活实际的着装方式、消费能力和文化习惯，逐步确定设计方向和服装风格。同时，风格可以根据现有的具体条件来进行细化，即使是相同年龄段，也有不同的工作性质、着装要求或是个人的穿搭习惯，人的性格更是多种多样：或深沉内敛、或活泼开朗、或恬静温柔、或热情外放……每个个体都可以找到与其风格相匹配的服装，满足各自的审美需求。

　　材质艺术设计风格首先受到材料风格的影响，不同的材料具有不同的质感和特性，给人以不同的印象和美感，从而产生联想，形成各异的材质风格。所以在最初的材料选择和设计制作过程中，设计师要时刻保持敏锐的感觉，抓住转瞬即逝的灵感，把握住材料的特性和潜在的魅力。设计师应以最清晰、最完美的形式展现出材质的特性，力求达到作品的外在形式与材料的内在美感互相交融、和谐统一。将材质的抽象表现力与服装具体的造型相结合，通过此种手段来表现材质的特殊性，最终构成材质的风格。如钻石的炫目；金、银的奢华；纱缎、雪纺的浪漫；蕾丝、牛仔的不羁与时尚；金属、皮革的摩登；纯棉、麻布料的自然舒适；各种材质拼贴、混搭带来的前卫、新潮感觉等等，都彰显了不同材质的特色，通过表现其特色让观赏者感受到艺术风格的魅力（如图4-5～图4-11）。

图4-5

图4-6

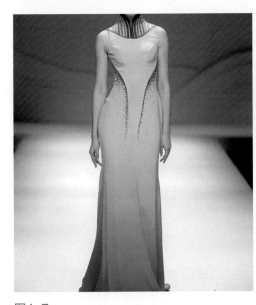

图4-7

图4-8

图4-9   图4-10   图4-11

【本节作业训练】
　　明确整体作业的材质风格，把现有材料中与整体风格不相适应的部分进行舍弃或调整。

▶ 第二节　发挥材料的设计之美，提升服装设计趣味性

　　在服装设计中，最好的作品是把服装材质的潜在性能和其自身的材质风格清楚地呈现和表达出来，并将材质美感发挥到最佳状态的作品。如果一个设计师能够把服装材质的风格与表现形式融会贯通，使其浑然一体，准确而充分地将材质特性与服装整体风格相结合，那么可以说，他的设计已经成功了一大部分，只需稍加创意即可（如图4-12～图4-19）。比如，彰显华丽、典雅风格的服装系列，多选用天鹅绒、绸料、丝绵、锦缎以及品位雅致的手工刺绣等材质；若要整体服装呈现唯美、飘逸的感觉，则多采用平滑、柔软和有一定垂坠感的面料，例如真丝、雪纺、乔其纱或其他柔性薄针织面料及蕾丝边和布片等等。近年来，返璞归真的主题也多见于国际大型时装周，相较于时尚流行元素，自然原始风格的设计又重新受到关注。想打造这一风格，则在选料上多采用具有特殊质感的天然织物，如麻绳等，力求营造出粗糙、无规律的特殊肌理效果及随意、未经刻意雕琢或施以特殊人为加工的天然材质感觉。具有民族风格的系列，多采用手工感较强、外观朴素的天然材料及传统面料，如蓝色印花布、纯手工编织面料以及某些粗纺毛呢等等，并可以运用传统手工艺再次加工，如扎染、蜡染、纯手工刺绣，或是打结、盘扣、钉嵌等传统装饰手法做以点缀。时尚前卫风格的

图4-12

图4-13

图4-14

图4-15

设计系列，可选用的表现材质也是层出不穷的，有超时空感觉的闪亮面料、经一次或多次人为加工的人造皮毛、带有抽象图案的面料等等，经过精心的搭配和修饰，都能完成对时尚前卫的完美诠释。近年来，越来越流行混搭风，就是把看似不同风格或感官上不相适应的面料

图4-16

图4-17

图4-18

图4-19

或服装材质按照设计者的独特品位相互配搭在一起，使其产生强烈对比，完成个性化的创造，以彰显其不循常规的特殊艺术效果。看似不搭的面料材质互相拼贴、交织缝合，这种不同种类材质的"碰撞"更具有震撼的效果，在年轻人中大受青睐，也收到了很好的社会反馈（如图4-20～图4-25）。

图4-20

图4-21

图4-22

图4-23

图4-24   图4-25

【本节作业训练】
　　按照不同限定主题搭配多种材质进行设计练习，筛选效果最好的材质设计方式和搭配方法完成整体材质设计作业。

参考文献

［1］邱蔚丽，胡俊敏. 装饰面料设计. 上海：上海人民美术出版社，2006.
［2］宗明明，张珣，王瑞华. 布言布语 纤维材料形态与表现. 北京：化学工业出版社，2007.